CHAOJI TANXIANJIA XUNLIANYING
超级探险家训练营
训练营

穿越热带雨林
CHUANYUE REDAI YULIN

知识达人 编著

成都地图出版社

图书在版编目（CIP）数据

穿越热带雨林 / 知识达人编著 . 一成都：成都地
图出版社，2016.8（2021.11 重印）
（超级探险家训练营）
ISBN 978-7-5557-0461-4

Ⅰ . ①穿… Ⅱ . ①知… Ⅲ . ①热带雨林-普及读物
Ⅳ . ① P941.1-49

中国版本图书馆 CIP 数据核字（2016）第 210622 号

超级探险家训练营——穿越热带雨林

责任编辑：陈　红
封面设计：纸上魔方

出版发行：成都地图出版社
地　　址：成都市龙泉驿区建设路 2 号
邮政编码：610100
电　　话：028 - 84884826（营销部）
传　　真：028 - 84884820

印　　刷：固安县云鼎印刷有限公司
（如发现印装质量问题，影响阅读，请与印刷厂商联系调换）

开　　本：710mm×1000mm　1/16
印　　张：8　　　　　　　字　　数：160 千字
版　　次：2016 年 8 月第 1 版　印　　次：2021 年 11 月第 4 次印刷
书　　号：ISBN 978-7-5557-0461-4
定　　价：38.00 元

为什么在沼泽地中沿着树木生长的高地走就是安全的呢？"小老树"长什么样子？地球上最冷的地方在哪里？北极的生物为什么是千奇百怪的？……

想知道这些答案吗？那就到《超级探险家训练营》中去寻找吧。本套丛书漫画新颖，语言精练，故事生动且惊险，让小读者在掌握丰富科学知识的同时，也培养了小读者在面对困难和逆境时的勇气和智慧。

为了揭开丛林、河流、峡谷、沼泽、极地、火山、高原、丘陵、悬崖、雪山等的神秘面纱，活泼、爱冒险的叮叮和文静可爱的安妮跟随探险家布莱克大叔开始了奇妙的旅行，他们会遭遇什么样的困难，又是如何应对的呢？让我们跟随他们的脚步，一起去探险吧！

史密斯爷爷

美国人，大学教授，科学家、探险家，喜欢周游世界。他风趣幽默，知识渊博，深受孩子们的喜欢与爱戴。

鲁约克

十岁的美国男孩，性格质朴憨厚，喜欢美食，但做事时意志力不强。

龙龙

十岁的中国男孩，聪明机智，活泼好动，对未知世界充满好奇。

安娜

九岁的美国女孩，史密斯爷爷的孙女，文静、胆小，做事认真。

目录

目录

引言

暑期终于到来了，在一个阳光明媚的午后，史密斯爷爷正坐在摇椅上惬意地品着茶，忽然隐隐约约地传来吵闹声。

"什么呀，本来就有啊，是你自己孤陋寡闻罢了。"这边鲁约克说。

"那都是虚构的，不是真实存在的！"这边龙龙说。

"好了，你们别吵了，咱们还是听听爷爷怎么说吧。"安娜说道。

三个孩子来到史密斯爷爷面前。

"孩子们，怎么了？"史密斯爷爷慈祥地问。

"爷爷，他们正为世界上存不存在像《阿凡达》那样奇特、梦幻的地方争执呢！"安娜说。

"噢？呵呵。"史密斯爷爷笑起来。

"史密斯爷爷，真的存在像《阿凡达》里那样的地方，对不对？"鲁约克问。

"史密斯爷爷，它不存在，对不对？"龙龙问。

"事实上，《阿凡达》里的幻境是虚构的，是不存在的。"史密斯爷爷回答说。

"哈哈……我说对了吧！"龙龙一副洋洋得意的样子。

鲁约克沮丧地看着史密斯爷爷，问："真的没有吗？"

"是的，孩子。不过，别难过，地球上倒是有一处地方像仙境一样奇特、美丽。"史密斯爷爷安慰道。

"真的吗？史密斯爷爷，那是哪里啊？"鲁约克惊喜地问。

"史密斯爷爷，你说的是真的吗？真有那样神奇的地方吗？"龙龙显然很吃惊。

史密斯爷爷和蔼地笑了笑，说："有啊，就是热带森林啊！"

"热带森林？"龙龙问。

"热带森林？"鲁约克问。

安娜说："热带森林，我倒是在书上看到过，说它是生物的乐园，那里分布的动物和植物很多都是陆地上其他地方没有的。静静的池水、奔腾的小溪、飞泻的瀑布在那里随处可见。它分明就是参天大树、藤萝和繁茂的花草交织成的绿色迷宫。"

听了安娜的描述，龙龙和鲁约克都来了兴致。

龙龙问："真的有那么好吗？"

鲁约克说："真是好奇那会是什么样的地方啊，好想去看看。"

"我也很想亲眼见见啊！"安娜说。

"哈哈，那我们就来一场热带丛林之旅吧！"史密斯爷爷笑着说道。

"哈哈，太好了。"

"爷爷，您真好！"

三个孩子围着史密斯爷爷你一言我一语地说着。

这天夜里，临睡前，孩子们还在讨论热带丛林，对于明天新的旅程，他们充满了期待！

第一章

切叶蚁，初到亚马孙雨林的发现

经过几小时颠簸，史密斯爷爷和安娜、龙龙、鲁约克一行四人终于到达了亚马孙丛林。望着眼前葱葱郁郁的密林，还没等安娜反应过来，龙龙和鲁约克就欢呼雀跃地冲了进去。

"哈哈……快跟我来啊，跑得慢就追不上我啦！"龙龙喊道。

安娜跟过去，大喊："你们等等我啦，等等我嘛……"

不一会儿，鲁约克拉起粗壮的藤条荡起了秋千，龙龙四处张望着找野果去了，安娜也赶紧拿出相机拍照。

　　"这儿真美呀，好像童话世界！"安娜赞叹道。

　　"咦，鲁约克去哪了？"转了一会儿后，龙龙突然想起了鲁约克。

　　"对呀，刚一会儿工夫，人就不见了！"安娜说道。

　　"鲁约克，鲁约克，鲁约克……"两人大声呼唤着。

　　"哎！龙龙，安娜，我在这儿，快过来啊，这儿有好玩的哦。"龙龙和安娜顺着声音望去，看到鲁约克正在朝他们招手。

“走，我们过去瞧瞧吧！”龙龙说着拉着安娜跑了过去。

鲁约克看到他们来了，小声地示意他们看树下：“你们看，蚂蚁们在搬运粮食呢！”

安娜和龙龙仔细观察起来，树下果然有一群蚂蚁在搬运一些细碎的树皮和树叶。

“呵呵，它们在储备粮食呢。”龙龙看着，开心地笑了。

“史密斯爷爷呢，快叫史密斯爷爷过来看！”鲁约克说。

“我去叫史密斯爷爷！”龙龙说。

不一会儿，龙龙拉来了史密斯爷爷。鲁约克指着蚂蚁说：“史密斯爷爷，您看，是蚂蚁！”

史密斯爷爷笑着说：“这可不是一般的蚂蚁哟！它们会自己种蘑菇呢。”

“会种蘑菇？史密斯爷爷，这是怎么一回事啊？”龙龙挠挠头好奇地问。

　　"对啊，我只听过会吃树叶、啃树皮以及搬虫子的蚂蚁，还真有会种蘑菇的蚂蚁吗？好奇怪啊！"鲁约克也很好奇。

　　"爷爷，它就是会种蘑菇的蚂蚁吗？我倒是在一本书上见到过，说是有一种蚂蚁会种蘑菇。"安娜说道。

　　"嗯，没错。"史密斯爷爷回答说。

　　"这种蚂蚁可真有趣，安娜，快给我讲讲。"鲁约克说。

　　"呵呵，好。"安娜接着讲，"这种蚂蚁叫切叶蚁，因为会种蘑菇它又得名蘑菇蚁。它从植物上切下叶子，接着把叶子切成小片，然后带到蚁穴里发酵。发酵后，小叶片就会长出蘑菇，切叶蚁就以它为食。切叶蚁是唯一懂得切割新鲜植物，并用它们种植食物的动物呢，这些小家伙掌握种植技术的时间比我们人类还早呢！"

"嗯，安娜说得很对，这种蚂蚁种蘑菇的过程可是很有趣的哦！"史密斯爷爷说道。

"是吗？史密斯爷爷，怎么就能长出蘑菇呢？您快接着说！"龙龙显然对此非常感兴趣。

"呵呵，别急，小家伙，耐心点。"史密斯爷爷接着说道，"每当夜晚，切叶蚁中体型最大的工蚁就会离开巢穴，去搜索喜好的植物叶子。当它发现目标后，牙齿会产生电锯般的震动，在叶子上锯下一片新月形来。与此同时，它还会发出信号，召唤其他工蚁来这里切叶。而那只已经切下叶子的工蚁，就会背着自己的劳动果实回到蚁穴去。

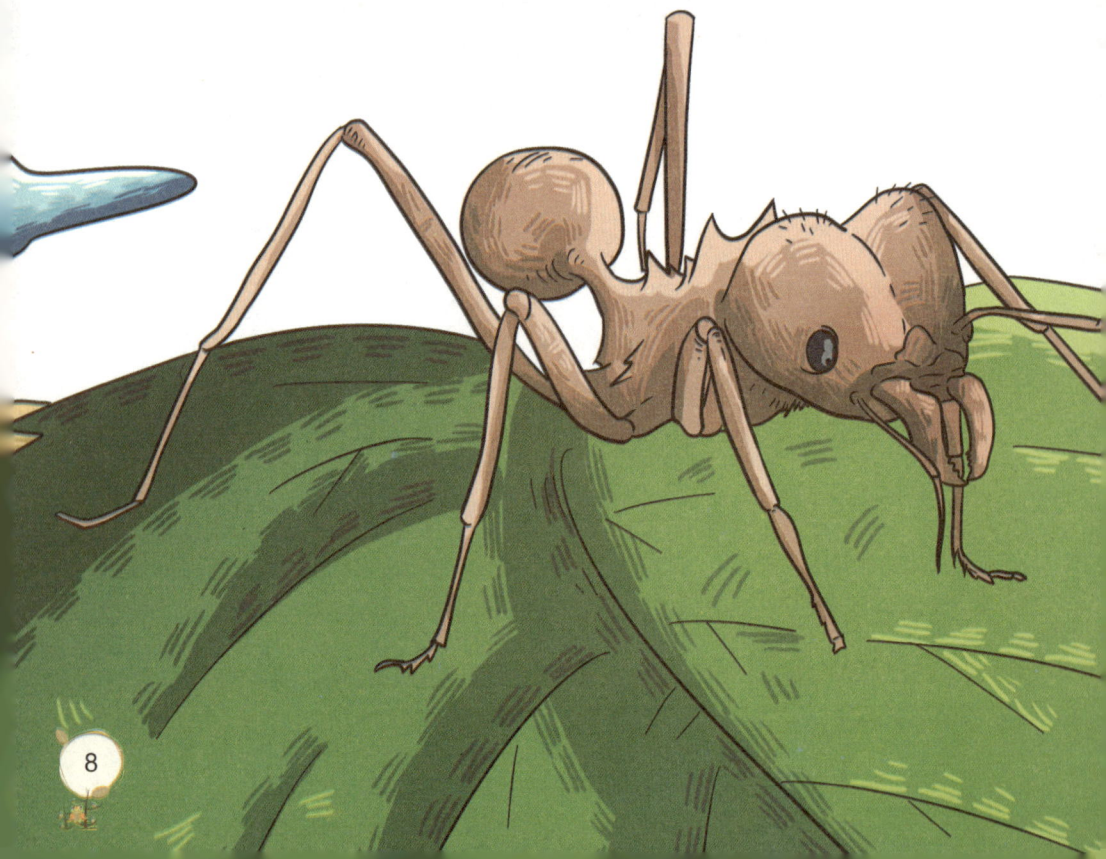

"这时，体型较小的蚂蚁就通过来回跑动的方式承担起警戒任务。一些小型蚂蚁还会跑到新月形的叶片上搭个顺风车。它们为什么会这么做，还不为人所知。有说法认为，这是为了防止非常小的寄生蝇攻击正在搬运的中型工蚁。劳动着的工蚁每分钟能行走180米，这相当于一个背着220千克重物的人，以每分钟12千米的速度飞奔，小小蚂蚁的速度和体能真是惊人。"

　　"史密斯爷爷，工蚁的牙齿为什么会产生电锯般的震动啊？好奇怪啊！"龙龙一脸疑惑。

　　"呵呵，龙龙越来越细心了，这个问题问得好！"史密斯爷爷笑着讲道，"工蚁切叶的时候，是通过尾部的快速振动使牙齿

在撕咬时产生了电锯般的速度和力量，大型的工蚁强健到可以用它的牙齿切割皮革呢！切叶蚁就是利用这些叶子来种植蘑菇的。当然，种植蘑菇的一系列工作也都是由工蚁们来完成的。而工蚁的体型不同，分工也就不同。首先，体型较小的工蚁会将运到巢中的叶子切割成小块，并磨成浆，然后另一些体型较大的工蚁则负责将这些叶子浆涂抹在干燥的叶子上，并在上面种植一些真菌。这样，它们的'蘑菇园'就形成了。剩下的时间就是等待蘑菇长出来了。当然，在这期间，还有一大群小型工蚁照顾这个蘑菇园。当蘑菇长出来后，这些小型工蚁就会将蘑菇分给这个巢穴中的所有成员。"

"蚂蚁也会培育真菌吗？难道它还懂生物学？"龙龙更加好奇了。

"可别小看它们哦，它们可聪明着呢！"史密斯爷爷接着讲道，"切叶蚁利用微生物产生的抗生素对付'农场'中的杂菌。对于切叶蚁，真菌就是它赖以生存的根本，它会全心全意呵护、培育真菌。它

还会利用一些昆虫的尸体或者植物的残渣，来为真菌提供肥料。

　　"值得一提的是，守护'蘑菇园'的工蚁可是十分认真呢，简直是寸步不离，生怕外来蚁入室偷窃。一旦有不速之客入侵，它们个个勇猛异常，与入侵者展开殊死搏斗，誓死保护整个蚁巢的最宝贵财产。由于切叶蚁的这一特性，它还被圭亚那印第安外科医生们选来做缝合手术时的帮手。医生先将病人的伤口对合，然后操纵工蚁用其双颚进行'缝合'，最后再把蚁身剪去，留下蚁头，此种办法缝合的伤口非常紧密。"

　　"呀，这小家伙很厉害啊！"鲁约克赞叹道。

　　"嗯，得对它竖大拇指呢！"龙龙也说。

"呵呵，孩子们，这才仅仅是我们热带丛林探险之旅的开始，后面还有更令你们惊奇和赞叹的生物呢！"史密斯爷爷说道。

　　"史密斯爷爷，那我们赶快开始吧！"鲁约克迫不及待的样子逗得大家哈哈大笑，他们一行四人带着笑声向下一个目的地进发。

第二章
袖珍绒猴

夜晚的亚马孙热带雨林里并不是寂静无声的，安娜在睡袋里躺好后，总听见帐篷外有"唉唉"的古怪叫声，也不知道是什么动物发出来的，后来

她实在忍不住了，悄悄掀起帐篷上的小帘子向外张望，一眼就看到不远处的树枝上好像有东西也在看她，两只眼睛发出幽光，吓得她"啊"的一声大叫。

史密斯爷爷立刻问："安娜，怎么了？没事吧？"

安娜拉住史密斯爷爷的胳膊说："爷爷，外面的树上有……有一双眼睛在看我！"

龙龙和鲁约克听到安娜的叫声，立刻从帐篷中冲了出来，四下张望了一会儿说："树上黑漆漆的，什么也没有啊。是不是你看错了？"

安娜连声否认："绝对没看错！"正说着，远处又传来"唉唉"的叫声。安娜吓得一下子钻到史密斯爷爷怀里，叫着："就是这种怪物！就是它在树上看我来着！"

史密斯爷爷一边安抚着她，一边把龙龙和鲁约克也叫进了帐

篷，笑眯眯地说："原来你看到它了啊。它不是怪物，虽然叫声有点古怪，但长得还是很可爱的。这种小动物叫绒猴，也叫拇指猴，是世界上最小的猴子。"

"绒猴！"龙龙重复着，"哈哈哈，安娜你胆子也太小了！它比你的手指长不了多少，你居然能被它吓到，真好笑！"

安娜从史密斯爷爷怀里抬起头来，有点不好意思地说："呃，爷爷，真的是绒猴吗？"

史密斯爷爷点了点头，"绒猴喜欢在白天活动，大部分时候都在树间跳来跳去。这种猴子喜欢捉虱子吃，而且性格非常温和，所以深受当地印第安人的喜爱。"

鲁约克说："喜欢吃虱子？那它们只吃虱子吗？"

史密斯爷爷说："当然不是，它们的主要食物是浆果。"

龙龙紧接着又问："史密斯爷爷，那绒猴到底有多小呀？"

史密斯爷爷笑着说道："绒猴可以说是袖珍猴，它长大后身高也只有十几厘米，体重还不到100克。而刚出生的绒猴只有蚕豆一样大小，体重只有十几克。"

"哇，真的是好小啊！"龙龙点了点头，又问，"那绒猴住在哪里呢？是住在山洞里，还是住在大树上？"

史密斯爷爷回答："当然是住在树上，它们主要生活在热带雨林中。"

帐篷外还是不时传来"唉唉"的绒猴叫声，安娜听了一会儿，悄悄地问史密斯爷爷："您刚才说绒猴虽然叫声有点可怕，但长得很可爱，这是真的吗？"

史密斯爷爷点点头，为了让安娜能彻底了解这种小动物，消除恐惧的心理，他从自己的资料包里找出了几张绒猴的照片给她看。

"哇！真的好可爱，眼睛这么圆，嘴巴这么尖，还有竖立的大耳朵和蓬松的长尾巴……样子一点也不吓人。"安娜一下子就喜欢上了绒猴，把刚才的害怕情绪抛到了九霄云外。

龙龙看着绒猴的照片，很感兴趣地说："这小东西长得是挺好玩的。你看它那白色的长须，真的很长啊，都到肩膀了！"

"这是绒猴的一种，叫皇绒猴，也叫长须狨、帝王獠狨。它的皮毛是灰色的，胸部有黄色的斑点，爪子和脚都是黑色的，尾巴长三十多厘米。"

鲁约克看着照片，也觉得很可爱，他说："要是能养一只当宠物

就好了。它那么小，饭量肯定不大，应该挺好养的。"

史密斯爷爷大笑起来："这可是世界上最稀有的哺乳动物之一，你竟然想带回家当宠物？"

龙龙和安娜也笑起来。鲁约克不好意思地摸了摸后脑勺，说："我就是觉得它很可爱，所以想要一只嘛。"

"觉得可爱就应该想办法保护它，而不是把它带回家自己玩！"安娜教训他。

史密斯爷爷笑着说："其实绒猴家族中也有很多趣事呢。在绒猴家族中，雄绒猴充当了"贤夫良父"的角色。当小绒猴生下来后，照料它的工作就全落在了雄绒猴的身上，比如为它的孩子清洗身体等。雌绒猴只负责喂奶。当小绒猴停止吃奶后，雄绒猴还会亲自喂它们吃东西。"

鲁约克流露出羡慕的眼神，史密斯爷爷接着又说道："不过现在绒猴的数量比以前大大减少了。因为人类活动和自然灾害的影响，绒猴濒

危的等级在逐步增高。而且因为这种猴类进化到现在依旧保持着原始的面貌和生活特征，受到人们的喜爱，也导致对它们的大肆捕捉。"

"啊！"安娜捂住了嘴巴，"这些人太坏了！"

史密斯爷爷点点头，说："是啊，绒猴被大量屠杀，加上它们所栖息的热带雨林也在以很快的速度大片消失，影响了它们的繁殖。绒猴在整个猴类的家族中最为稀少，在全世界范围内只有十几种。所以绒猴现在已经是一种濒临灭绝的珍稀动物了。"

安娜眼泪汪汪地说："现在人类已经意识到保护热带雨林的重要性了，绒猴的数量在未来应该会很快增加了吧？"

史密斯爷爷摇头，说："绒猴的繁殖速度很慢。雌猴发育成熟后，隔两三年才能繁殖1次，每次也只产1～3只幼仔。所以即使人们

现在已经采取很多措施来保护这种动物，它的数量依然很稀少。"他拍拍安娜的肩膀，安慰道，"不过呢，你也不用这么伤心。很多动物园已经在人工培育、繁殖绒猴了，等绒猴数量变多之后可以再把它们送回山林，这样野生绒猴的数量慢慢就多起来了。"

鲁约克和龙龙也安慰安娜："等我们长大了，一定能想出更多的办法来保护绒猴，保护热带雨林。"

安娜终于破涕为笑了。

夜渐渐深了，孩子们在帐篷中倾听着绒猴的叫声，怀着对未来的美好希望入睡了。

第三章

会跳舞的侏儒鸟

雨林里一切都那么生机勃勃。一大早起来，孩子们兴头十足。

"我要拍最奇特的动物，然后把它详细记录下来，回去讲给我那些朋友听！"鲁约克今天真是很勤快，不但没有喊累喊饿，还不停拿着相机拍来拍去。

"你悠着点，别用力过度，一会儿又走不动了！"安娜笑着说。

"不会的，我昨晚睡得很好。"鲁约克拍胸脯保证。

一群人说笑着，往丛林深处走去。"鲁约克，注意安全，不要边走边拍，那样会很危险的！一会儿咱们找个平坦的地方，休息一下你再好好拍。"史密斯爷爷叮嘱道。

"好的，史密斯爷爷。"鲁约克收起相机，又跑到前面抓蝴蝶去了。忽然他大叫一声："哦，我的天哪！快来看呀，我发现了什么！"大伙以为发生了什么危险，赶忙跑过去。

只见鲁约克手里捧着一只像麻雀大小的小鸟，头顶是红色的，全身羽毛乌黑锃亮，腿却是绿色的，非常显眼，再仔细看，原来腿受伤了，没法动弹了。

"哇，这只鸟长得真奇怪，我还从来没见过这个模样的鸟呢？"安娜惊叹道，"快看快看，它不但身材又短又胖，而且嘴巴也又短又粗，天哪，连翅膀和尾巴也是短短的，像个小侏儒。"

"我知道了，这可能就是传说中的侏儒鸟。"龙龙惊喜地说。

"龙龙说得很对，这是红顶侏儒鸟，侏儒鸟中的一种。这只

应该是雄鸟。"史密斯爷爷说，"侏儒鸟是一种在白垩纪早期就存在的肉食性原始鸟类，主要吃腐肉，有的也吃森林中的浆果和昆虫。"

"史密斯爷爷，你是怎么判断雄鸟还是雌鸟的呢？"龙龙追问。

"雄鸟的羽毛主要是黑色的，还有鲜艳的色斑，而雌鸟多是淡绿色的，这就是主要的判断依据。"听了史密斯爷爷的话，大家恍然大悟。

"它的腿受伤了，爷爷，我们帮它包扎一下吧！"安娜说道。

"好。"史密斯爷爷打开背包找到纱布等物品，和三个孩子一起包扎受伤的侏儒鸟。

"可怜的小鸟！"抚摸着手中的侏儒鸟，安娜都快哭出来了，"爷爷，我们带它回家吧？"

"是啊，史密斯爷爷，那样它就没有危险了，还能和我们一起玩！"鲁约克也恳求着。

看着两个孩子祈求的眼神，史密斯爷爷虽然不忍心拒绝，但还

是耐心解释道："孩子们，这里才是侏儒鸟的家，我们要是把它带走了，它的家人会伤心的。你们说是不是？"

"嗯，没错，既然不能带走，那我们就送它回家吧！"安娜的建议得到大家的一致赞同，大家都四下寻找起来。

"它的家应该就在附近，大家仔细找找，但是不要走散了。"史密斯爷爷不时提醒着。

这时候安娜忽然停住脚步说："听听，那是什么声音？"

"滴……叮……"

孩子们都不解地望着史密斯爷爷。

"看样子我们找到侏儒鸟的家了，孩子们，让我们一起看一场美妙的演出吧！"听了史密斯爷爷的话，大家很是纳闷。

往前走了几步，眼前的一幕让他们惊呆了。只见几只红顶侏儒鸟，正在像迈克尔·杰克逊一样，在树枝上走太空步，往前迈几步，然后又向后滑步，不但舞步奇特，移动速度也非常惊人，还伴有像拉

小提琴一样的"嗡嗡"声。

"天呐，这简直太神奇了！"鲁约克惊叹道。

"史密斯爷爷，它们这是在开演唱会吗？"龙龙也很惊奇。

"没错，它们在进行一场特殊的演出——求偶，通过翅膀的振动发出声音，给雌性留下深刻印象，并且伴随着不同的舞蹈动作。就像我们的歌舞明星在表演节目一样。"

"史密斯爷爷，它们还会别的舞蹈吗？"龙龙从惊奇中回过神来，连忙问道。

"据我了解，有一种白喉侏儒鸟，它的雄鸟会一边上下跳动一边悄悄接近雌鸟；还有一种蓝背侏儒鸟，两只或以上的雄鸟还会一起表

雄鸟只有在繁殖季节才会这样不断地炫耀。

演一种复杂的圆圈舞，一会儿落在地上舞蹈，一会儿忽然飞到空中，像一个旋转的烟火轮一样。"

"雄鸟会一直这个样子吗？"安娜连忙插进一句。

"雄鸟只有在繁殖季节才会这样不断地炫耀，它们相互隔得不远，各占据一块空地，有些喜欢在地面上清理出舞台，有些则喜欢用一两棵小树作为表演的场地，在树枝或树叶上跳舞。侏儒鸟是目前我们知道的世界上唯一一种用昆虫般的方式来吸引异性的鸟类。"史密斯爷爷详细地解释着。

"雌鸟也会一起跳吗？"鲁约克很感兴趣地问道。

"雌鸟在交配前也会一起舞蹈，但是大多数时候雌鸟会忙它自

己的事情，就是在接近地面的树杈上筑起一个杯状的窝，孵育它的孩子。"

"史密斯爷爷，为什么只有侏儒鸟能够发出'滴叮'这样奇怪的声音？"龙龙不明白地问。

"那是因为侏儒鸟进化出特殊的羽毛，这种羽毛轴端比较厚，有6到8个嵴，它旁边的羽毛可以弯曲和它进行摩擦。所以当每根羽毛以106赫兹频率振动时，羽毛来回摩擦大约7个嵴，这样就比我们知道的其他鸟类的翅膀振动得更快，从而达到这种效果。侏儒鸟发出的声音频率更加惊人，达到1500赫兹，这又比翅膀挥舞的速度快了14倍。这一切都是其他鸟类所不具备的。"

"天啊，大自然真是神奇啊！"安娜惊叹道。

"安娜又开始感慨了！"鲁约克笑着说道。

"鲁约克，难道你不同意我的观点吗？"安娜不满地问。

"你俩别争了，快把受伤的侏儒鸟放回去吧，它已经能动了，正想回家呢！"龙龙大声说。

"好了好了，快点吧鲁约克，你就别跟着跳舞了，别的侏儒鸟都被你吓跑了！"安娜也大声喊道。

"安娜，我这是在向侏儒鸟学习呢！"鲁约克说。

"还学习呢？你不是要拍最特别的动物吗？刚刚怎么不拍，现在它们都跑掉了，看你怎么办？"龙龙好心提醒着。

"天啦，龙龙你怎么不早点提醒我，完了，最精彩的画面我已经错过了！"鲁约克懊恼地哀嚎着。

史密斯爷爷、安娜和龙龙开心地笑了。

第四章

嘴巴很大的犀鸟

　　三个孩子对热带丛林探险充满了热情，一路上走走停停，不断有新发现。

　　"孩子们，我们现在所在的地方常有一种非同寻常的鸟出没。看你们谁眼力好，能最先发现它。"史密斯爷爷笑呵呵地说道。

　　龙龙高兴地说："哈哈，好啊，我的眼力一向很好的！"

　　"我一定要先发现它！"鲁约克说着，左看看，右望望。

　　"那我们分组找，两人一组怎么样？龙龙和鲁约克一组，我和安娜一组吧！"史密斯爷爷建议道。

　　"行，就这样办！"鲁约克一副信心十足的样子。

"那好，咱们开始行动吧！"史密斯爷爷说。

于是，四个人立马在四周搜寻起来。

找着找着，龙龙和鲁约克都隐隐约约地听到一种奇怪的叫声，他们会心地对望了一眼，悄悄地扒开挡在眼前的草丛。只见前面站着一只嘴大得出奇的鸟，两人都惊讶地睁大了眼睛。

"哇！这鸟嘴巴真大啊！"鲁约克兴奋地叫道。

这时，传来"咔嚓——咔嚓——"的拍照声。"是谁在那儿？"龙龙问。

"是我们啊！"安娜从旁边的草丛里伸出头，惊得大嘴鸟飞到了树上。

"这只大嘴鸟是我们先发现的，我正在拍照呢！你们输了哦！"安娜晃动着手里的相机，和史密斯爷爷从草丛里走了出来。

"可是我们也发现了，不行，我不服！"鲁约克嚷道。

"有什么不服的，有照片为证。"安娜说。

"可是也许是我们同时发现的呢，因为我们看到后，才听到你的照相声的。"龙龙辩解说。

"好啦，孩子们，你们谁对这种鸟有了解？"史密斯爷爷问。

"我知道一些，"龙龙很谦虚地说，"它叫犀鸟。"

"噢？你又知道！"安娜和鲁约克望向龙龙。

　　"但我对它的了解也仅此而已，就是看过它的照片。"龙龙说。

　　"呵呵，那也很厉害了，我还不知道呢。"安娜说。

　　"不过，这家伙长得还真奇怪，嘴那么大！"鲁约克望着飞到树上的犀鸟说道。

　　"嗯，嘴是挺大的！鲁约克你猜猜它有多长？"龙龙说。

　　"是啊，你看看它的大嘴，就算没占到身长的二分之一，也有三分之一了。"龙龙说。

　　"你们不觉得它的头也很奇怪吗？哈哈，真好笑！"鲁约克哈哈大笑起来。

"是啊，那个突起是什么啊？怪模怪样的。"安娜也说。

"好像犀牛的角。"龙龙说。

"那叫盔突，犀鸟就是因此而得名的。"史密斯爷爷说道。

"爷爷，我看它挺大的，它的身体是不是很长啊？"安娜问。

"嗯，犀鸟是一种大型鸟类，体长70～120厘米。"史密斯爷爷回答说。

"那爷爷，它住哪儿啊？又是以什么为食呢？"安娜问。

史密斯爷爷回答说："多数犀鸟生活在非洲和亚洲的热带雨林地区，以那些可能是啄木鸟啄出来的空洞为巢，常常栖息在密林深处高大的树上，啄食树上的果实，也以昆虫为食。"

"孩子们，你们别看它的嘴长，看似有些笨重。其实它的嘴相当灵巧，像采食浆果、捕食老鼠昆虫、修建巢穴等工作，它都能迅速且完美地完成。"史密斯爷爷补充着。

"这样啊，我还觉得那么大的嘴会很碍事呢！"鲁约克说道。

"犀鸟还有一个好听的名字呢，它还被叫作钟情鸟。"史密斯爷爷说。

龙龙好奇地问："这又是因为什么呢？"

史密斯爷爷讲道："犀鸟爸爸是非常有责任心的，每当犀鸟妈妈产完卵后，它就和犀鸟妈妈合作，用泥土，连同树枝、草叶等，再加

上犀鸟妈妈吐出的黏液，把犀鸟妈妈'产房'的门堵上，仅留下一个能使犀鸟妈妈伸出嘴尖的小洞。这样做，犀鸟妈妈在孵化期间就不用担心蛇、猴子等天敌入侵，可以安心地孵化小宝贝了。

"在犀鸟妈妈卧巢孵卵期间，犀鸟爸爸就担负起每天四处奔忙寻找食物给犀鸟妈妈喂食的重任。白天，犀鸟爸爸为找食物奔忙着，夜晚它还要不辞辛劳地在'产房'外站岗放哨，保护妻儿的安全。一对犀鸟中的一方如果去世了，另一方绝对不会另寻新欢，而是会在忧伤中绝食身亡，所以人们称犀鸟为'钟情鸟'"。

"哇，还真钟情呢！"安娜感慨道。

"是啊，犀鸟爸爸好伟大。"鲁约克也赞叹说。

"对，犀鸟爸爸很有责任感！"龙龙也说。

史密斯爷爷笑着说："马来西亚的伊班族人还有一个'犀鸟节'呢！"

"啊，'犀鸟节'？那是什么节日啊？"龙龙颇有兴趣地问。

"嗯，伊班族人崇拜犀鸟，视它为神灵，每年要庆祝犀鸟节，也称丰收节。节日当天，第一项是祭鸟，人们用猪肝作为祭品祭鸟。祭鸟过后，就是其他的庆祝活动了。白天会有斗鸡和龙舟赛，夜间则有聚餐和歌舞晚会，非常热闹呢。"史密斯爷爷讲解道。

安娜兴奋地说："'犀鸟节'原来是这样啊！爷爷，假如我们能

赶上就一起去祭祭犀鸟吧！"

"嗯，我也好想看看啊！"鲁约克说。

"我对赛龙舟比较感兴趣，不知道和我们中国端午节的赛龙舟是不是一样的。"龙龙说。

"呵呵，"史密斯爷爷讲道，"孩子们，这里就告一段落了，咱们向下一个目的地进发吧！"

"好！"三个孩子齐声答道。

第五章

子弹蚁

　　这一天，史密斯爷爷、安娜、龙龙和鲁约克四人正坐在路边休息。

　　"哎哟，疼死我啦，疼死我啦……"坐在石头上的鲁约克突然跳了起来，不停地叫嚷着。

　　吓得喝水的龙龙差点呛到，"咳咳……鲁约克，怎么啦？"龙龙紧张地问。

　　"呜呜，我的手被蚂蚁咬了！"鲁约克哭着说。

　　听后，史密斯爷爷让安娜赶紧从背包里找出药膏。

　　"鲁约克，快过来，让我瞧瞧！"史密斯爷爷说着拉起鲁约克的手，细心地查看被蚂蚁咬过的地方。

　　鲁约克害怕地问："史密斯爷爷，我不会中毒吧？呜呜——"

　　"呵呵，不会，不会，我看过了，这只是一般的蚂蚁，没有毒。"史密斯爷爷看过伤口后放心地说道。

　　"那为什么这么痛啊？"鲁约克追问道。

龙龙在一旁大笑了起来："鲁约克，你以为咬你的是糖果呀，被蚂蚁咬，当然会痛啊！"

"别担心，擦上药膏，一会儿就不痛了。"史密斯爷爷安慰道。

在史密斯爷爷给龙龙擦药膏的过程中，龙龙说："这才是一只普通的蚂蚁啊，能多疼！如果被子弹蚁咬了，那才叫一个痛呢！肯定痛得你受不了的。"

"啊？不是吧，有那么厉害的蚂蚁？"止住哭声的鲁约克，产生了好奇心。

史密斯爷爷点点头说道："是啊，据说被子弹蚁咬了，会相当疼的！"

"爷爷，那是一种什么样的蚂蚁啊？"安娜问。

"子弹蚁主要生活在亚马孙地区的丛林中，以昆虫和小型蛙类为食。它的祖先是黄蜂，它至今仍保存着和祖先相似的外貌。它在进化过程中，翅膀退化了，不过却在腹部保留下了可怕的武器，它可分泌毒素。个别子弹蚁的身长在2.5厘米以上，是世界上体型最大的蚂蚁之一呢。子弹蚁都是单独觅食的，想想要是它也像红火蚁那样集体觅食的话，那真是太可怕了！"史密斯爷爷讲道。

"史密斯爷爷，那它为什么被叫作子弹蚁呢？"龙龙问道。

史密斯爷爷回答说："它之所以被叫作子弹蚁，是因为被它叮后产生的剧烈痛感，就像被子弹射中一样。这种疼痛会让你忽略其他一切的疼痛感。此外，这个小家伙还被评为世界10种毒性最强的动物之一呢！"

听到这儿，鲁约克庆幸地说："嘿嘿，我的并不是那么疼，这么说，我还是幸运的呢！幸亏咬我的是普通蚂蚁，要不然可就惨了！"

"这下知道了吧，刚才这么点小事就哭，丢不丢人啊！"龙龙笑道。

鲁约克不好意思地说："哎呀，龙龙你就不要再嘲笑我啦！"

"呵呵，"史密斯爷爷笑着又说，"在亚马孙土著民的成年礼中，这种小蚂蚁会被织进袖子里给男孩子穿上，参加成年礼的男孩们必须忍受这种剧痛才算成年，变成真正的男人。"

"啊？太可怕了！"鲁约克身体抖了一下说道。

"爷爷，那这么厉害的蚂蚁，它有没有什么天敌啊？"安娜好奇地问。

"有啊，当然有。"史密斯爷爷笑着说道，"孩子们，别看子弹蚁这么厉害，说到它的天敌一定会让你们大感意外。"

史密斯爷爷停顿了一会儿后问三个孩子："你们知道驼背蝇吗？"

三个孩子摇摇头。

　　"是种苍蝇吗？"龙龙猜测说。

　　"对。"史密斯爷爷回答说，"驼背蝇就是子弹蚁的天敌。"

　　"那驼背蝇厉害在哪呢？"龙龙追问道。

　　"子弹蚁碰到驼背蝇就会直接面临死亡的威胁，这时候，它带有剧毒的身体发挥不了一丁点儿作用——微小的驼背蝇有一种专门对付它的解毒药，而由于过重的大钳子，子弹蚁根本不能给对手造成任何威胁。而且，驼背蝇们还会把自己的卵产在子弹蚁的身上，让它们的蛆虫大吃一顿。"

　　"哦！原来如此啊！"鲁约克若有所思地说道。

　　见到鲁约克的样子，龙龙问道："鲁约克，你又在盘算什么呢？"

"我在想下次捉只驼背蝇带在身上，既然它能对付子弹蚁，那么对付普通蚂蚁应该绰绰有余了吧！"鲁约克一副憨厚可爱的样子。

"哈哈，这个想法倒是可以实践一下，你试试！"龙龙大笑道。

史密斯爷爷和安娜也被逗得大笑了起来。

四个人笑着上路了。

驼背蝇

驼背蝇又称蚤蝇、棺蝇，是蚤蝇科昆虫。驼背蝇背隆起，因此得名。它体型小，成虫聚在腐败的植物周围，幼虫以寄生或共生的方式存活于蚁、白蚁巢中。

第六章

身穿铠甲的大虾

又是一个晴朗的早上，探险小分队一行四人继续他们的旅程。

热带雨林里花花绿绿的植物让孩子们应接不暇，史密斯爷爷刚嘱咐了三个孩子不要光顾着抬头看风景，更要注意脚下的路，只见走在最前面的龙龙，"哎呦"一声，摔倒在地，鲁约克、安娜和史密斯爷爷急忙赶上前。

"没事吧，让你注意脚下，还是摔跤了。"安娜一边扶起摔倒的龙龙，一边说道。

龙龙挠挠头，不好意思地说："哎呀，刚才好像被什么东西绊了一下，好像是个球呢！"

"啊？什么球？难不成热带雨林里还有足球？哈哈，是你想踢球想疯了吧。"鲁约克边笑边帮龙龙拍打裤子上的泥土。

"哇，这儿还真有个球。"顺着安娜手指的方向，大家果真看到一个圆滚滚的球在那一动不动，不过这个球可不是白色的，而是黑褐色的。

大家千万别靠太近！

好奇的龙龙走近一看，竟然发现这球的表面还有一层鳞片呢！

"就是它，绊了我一跤，这是什么呀？"龙龙大声说。

史密斯爷爷连忙让孩子们避开，并且叮嘱说："大家千万别靠太近，那东西是热带雨林里的犰狳，又叫'铠鼠'。它身上长有许多小骨片，每个骨片上长着一层角质物质，异常坚硬，像铠甲一样，号称'铠甲战士'。每当犰狳遇到危险，在来不及逃走或钻入洞中的时候，便会像刺猬一样将全身蜷缩成球状，把自己保护起来。我们先停一下，等犰狳慢慢伸展开再走吧。"史密斯爷爷带着孩子们躲到离犰狳不远的灌木丛里。

大约过了十多分钟，就在大家等得不耐烦的时候，刚才的小圆球，慢慢有了动静。

"咱们还得再等多长时间啊？不能说话不能活动快累死我了。"鲁约克小声地嘀咕起来。

难得能遇到一只犰狳……

"嘘，别说话，快看，它已经开始动了。"龙龙第一个发现了，轻声轻语地提醒大家。

"呀，它长得真不像什么威武战士，倒像只披着铠甲的老鼠。"安娜低声评论着。

"我怎么觉得它像穿山甲呢？"鲁约克补充道。

"史密斯爷爷，要不然，我们跟着这只犰狳，看看它要去哪儿吧？"龙龙用期待的眼神看着史密斯爷爷。

"好吧，难得能遇到一只犰狳，这种动物很少能见到，它们在地球上生存了5000多万年了，目前属于濒危物种。爷爷就满足你的愿望，但是大家一定要注意安全啊！"史密斯爷爷冲龙龙点点头，走在了队伍的最后面。

犰狳慢慢地朝一处土坡走去，然后就开始用鼻子不停地拱来拱去。

"史密斯爷爷，你猜刚才是怎么回事？"龙龙忍不住低声问道。

犰狳是一种杂食动物，像甲虫、蠕虫、白蚁、黑蚁、蝗虫等都是它的食物。

"犰狳的天敌是美国山猫，根据我的判断，它刚刚应该就是遭到了美国山猫的袭击，为了自我防卫就在地上打了个滚儿，等它发现危险警报解除后，便恢复原貌了。"史密斯爷爷边跟踪犰狳边小声地回答着。

"你们看，犰狳在吃蚂蚁。"鲁约克走在最前头，所以看得最清楚。

"爷爷，犰狳除了爱吃蚂蚁，它还吃什么呀？"安娜接着问。

"犰狳是一种杂食动物，像甲虫、蠕虫、白蚁、黑蚁、蝗虫、小型蜥蜴、蛇以及腐烂的尸体都是它的食物。"

过了一会儿，犰狳吃饱了，又开始慢慢往前走。这时，它的前面有一条小河，河水不深。

"看，那儿有条小河，犰狳要怎么过去呀？"鲁约克好奇地注视着前方的犰狳。

还没等史密斯爷爷回答，就见那只犰狳深吸一口气，潜进水中，不一会儿就从河底爬上了对岸。

为了继续观察，史密斯爷爷和孩子们一个个撸起裤腿，手拉着手并排趟过小河。

"看来它还是个潜水高手。"龙龙边过河边啧啧称奇。

"这条河还不够宽，如果河很宽的话，犰狳会吸入空气，让肠胃涨得鼓鼓的，然后轻松地游过去。"史密斯爷爷补充道。

"哇，这么厉害啊，看来犰狳不光是潜水高手还是游泳健将呢。"安娜不由得赞叹。

"犰狳的本领还真是不少啊！"龙龙感慨道。

"是啊，刚才我们看到把自己伪装成球的犰狳，那只是它防御手段的一种，它还有其他绝招呢！"

"啊？还有什么，史密斯爷爷快说快说！"鲁约克等不及史密斯爷爷把话说完便连声催促道。

"小家伙，就你心急。犰狳的本领概括起来就是一句话'一逃，二堵，三伪装'。所谓'逃'，即逃跑的速度相当惊人，别看它的腿短，掘土挖洞的本领却很强，能以极快的速度把自己的身体隐藏到沙土里。所谓'堵'呢，就是当它逃入洞中以后，就会用自己最坚硬的部位，有相当于盾甲功能的尾部，紧紧堵住洞口，好似'挡箭牌'一样，使敌人无法伤害到它。而'伪装'，我们刚才已经看到了，它全身蜷缩成球形，身体被'铁甲'包围着，让敌害想咬它也无从下口。"

"哦，它还会打洞啊，那犰狳住的地方是什么样的呀？"鲁约克边整理鞋袜边问。

"它们一般会躲藏在自然形成的或自己挖掘的洞穴里。走，我们跟着那只犰狳去看看吧。"史密斯爷爷说道。

不知不觉，他们被带到了森林中一片比较平缓的地带。

鲁约克欢喜地说："我们发现犰狳的大本营啦！"并朝大家做了个前进的手势。

安娜和龙龙也加快了脚步。

"小声点，别让犰狳发现了，不然就什么也看不到啦。"安娜做了个手势制止鲁约克。

这时候，就见隐藏在树根间有五六个大大小小的圆形洞口。

"快看这些洞，我们发现了很多犰狳呀。"鲁约克笑嘻嘻地说。

"别高兴得太早，一只能干的犰狳能打好几个洞穴，每个洞都有好几处出口呢！"史密斯爷爷解释道。

"这就是传说中的狡兔三窟吧！"龙龙也附和着。

"它们轻易是不会出来的，孩子们，算是将犰狳护送回家了，咱们也该启程了吧！"

"Let's go！"三个孩子异口同声地说，然后四个人高高兴兴地又往前走去。

第七章

食木甲鲶鱼

　　这天，史密斯爷爷带着三个孩子继续他们的探险之旅。

　　中午时分，他们来到一处地方休息，史密斯爷爷吩咐三个孩子在他的视线范围内活动。

　　"龙龙，龙龙，那边有小溪耶，我们去钓鱼吧！"鲁约克拉着龙龙，兴奋地说。

　　"啊？还是不要去吧，那里的水那么浅，应该不会有鱼！"龙龙说道。

一旁的安娜听到了他们的对话，高兴地凑了上来，说："去哪儿啊？我也要去！"

　　"哈哈，太好了，那咱们一起去。"鲁约克高兴地说。

　　安娜和鲁约克带上渔具，正要向不远处的小溪走，安娜回头问："龙龙你真不去吗？"

　　"他说那里没鱼，不管他了，咱们自己去吧。"鲁约克说。

　　"我只是说那里可能没鱼，又没说我不去！"说着，龙龙跑去拿他的渔具。

这时，鲁约克想起了史密斯爷爷，问道："我们要不要叫上史密斯爷爷？"

"他正在午休呢，咱们还是别打扰他了！"龙龙说。

于是，三个小伙伴带着各自的渔具和鱼饵，来到了小溪边。

鲁约克很激动的样子："哈哈，我们要是钓着鱼，晚上就可以吃烤鱼了！"

"哎呀，鲁约克，你这样子叫，会把鱼吓跑了的！"龙龙赶忙小声提醒道。

他们在鱼钩上放好鱼饵，小心地把它放入水中，然后蹑手蹑脚地坐到溪边等待鱼上钩。

不一会儿鲁约克就坐不住了，钓鱼这么沉闷，一点都不好玩，他走到前面的溪边玩起了石子。

玩着玩着，鲁约克突然注意到不远处的浮木上有一条鱼，差不多有80厘米长了，起初他以为自己眼花了，赶紧揉了揉眼睛再看，眼前果真有一条好大的鱼。他惊讶地大叫了起来："哇！安娜，龙龙，你们快来啊，这儿有一条好大的鱼！"

　　听到叫声的龙龙和安娜赶紧围过来。

　　"在哪儿呢？大鱼在哪呢？"龙龙问。

　　"那儿，在那块浮木上！"鲁约克用手指了指。

　　安娜和龙龙看到浮木上的鱼，都吃惊地睁大了眼睛。

　　"那是什么鱼啊？"安娜好奇地问。

　　"别急，我们走近些瞧瞧吧！"说着龙龙悄悄地走了过去，仔细地观察起来。

　　观察了一会儿，龙龙兴奋起来，说："哈哈！我知道这是什么鱼了！"

“什么鱼啊？”鲁约克和安娜异口同声地问。

龙龙高兴地回答说：“这种鱼叫食木甲鲶鱼。”

“食木甲鲶鱼？难道它吃木头吗？”鲁约克好奇地问。

安娜也很好奇：“鱼不是吃小虫子和鱼料的吗？怎么会吃木头呢？”

“哈哈！”龙龙讲道，“这你们就有所不知了，你看它像是在吃木头，实际上吃的却是木头上的藻类、小型动物和其他残骸。它从这些物质里获得所需的营养，而吃进去的木头则会从食木甲鲶鱼体内直接穿过，并以废物的形式排出体外。由于这种独特的进食习惯，食木甲鲶鱼获取了别的水面捕食者所不能捕获的食物。

“此外，食木甲鲶鱼吃木头的速度也是非常惊人的。在不足四个

小时的时间内，它就能将一段木材吞食完毕并且将其排出体外。对于那些以消化木材为生的动物来讲，这一速度是惊人的。"

"啊？这么夸张，那它的身体结构一定很不一般！"安娜惊讶地感叹。

"这个，我就不太清楚了。"龙龙说话间，史密斯爷爷走了过来。

"孩子们在讨论什么啊？"史密斯爷爷问。

"食木甲鲶鱼！"鲁约克指着自己的重大发现给史密斯爷爷看。

"史密斯爷爷，您来得正好，给我们讲讲这个不一般的鲶鱼是如

何能这么快速地消灭一段木头的吧！"龙龙说。

史密斯爷爷呵呵地笑了起来，接着讲道："食木甲鲶鱼的牙齿像勺子一样，嘴唇具有吸引力，正是凭借着这些独特的身体构造它能迅速挖出圆木的碎屑。猎物一旦碰到它的嘴唇，其表面的纤维就会被它的牙齿扯得七零八落，直到成为一颗碎末。它选择小型的刨花和木材颗粒吞食，因为上面携带有各种微生物及其副产品。"

"哇！这么厉害！对了，爷爷，它身上那些像刷子一样的东西有什么用啊？"安娜好奇地问。

"这个我知道，"龙龙抢着回答道，"它其实是一种特殊的牙齿，被用来吸引异性或展示权威。"

史密斯爷爷赞许地点点头。

"那它可以吃吗？"鲁约克问。

见龙龙没答话，史密斯爷爷回答说："可以。亚马孙地区的当地人，尤其是秘鲁人，可是把它视为美食的哦，是他们餐桌上常见的美味呢。它不仅可做汤，还可烤着吃。不过，鲁约克，你就别打它的主意啦！"

　　"为什么啊？既然那么好吃怎么不尝尝？"鲁约克一副很惋惜的样子。

　　"是啊！它不是可以吃吗？"安娜问。

　　"这是一个新发现的物种，因为它的价值不为人所知而遭到了大量的捕杀，已经在慢慢减少。所以啊，我们应该要保护它！"史密斯爷爷

解释说。

"哦，那我们就不喝鱼汤了！"鲁约克低头说。

见好吃的鲁约克说出这样的话来，龙龙和安娜笑起来。

午休结束，他们四人又重新上路了。

第八章

蜂鸟

　　又是一个美好的清晨，龙龙拿起望远镜四处观察着，饶有兴致地欣赏着四周美丽的风景。

　　"啊！太美了！"龙龙赞美道。

　　"龙龙，你看到什么了啊？"鲁约克好奇地问。

　　"哈哈，不告诉你！"龙龙调皮地回答。

  鲁约克趁龙龙不注意，一把抢过望远镜："哈哈，不用你告诉我，我自己看！"说着，鲁约克便举起望远镜朝龙龙刚才看的方向望去。

  "哇！潺潺的溪水，还有蝴蝶和小鸟飞来飞去的，的确漂亮嘛！"鲁约克高兴地说。

  突然，鲁约克的视线停留在了一只鸟身上："哇！好漂亮的小鸟啊！羽毛鲜艳，闪耀着金属般的光泽！"鲁约克由衷地赞美起来。

　　一会儿后，鲁约克接着又说："哇！漂亮的小鸟竟然这么小，比倒挂金钟花大不了多少，看样子也就几厘米长，它们还在用长嘴吸花蜜呢！"

　　"啊？还有这么小的小鸟？"听着鲁约克的描述，龙龙觉得很奇怪，有点不相信地问。

　　鲁约克不理会龙龙，仍然用望远镜在搜索，嘴里还说："怎么这种小鸟还有好几种，至少看见了3种！"

　　"真的假的？让我也来看看！"龙龙夺过望远镜仔细地搜索着。

　　很快，他也高兴地叫起来："我看见了，我看见了，确实是很好看的小鸟！它的飞行本领太高超了，不仅可以倒退飞行，垂直起落，而且还能像直升机一样停留在空中！太不可思议了！"

不远处的安娜看见两人拿着望远镜望着，嘴里还不断地说着赞美小鸟的话，也跑了过来凑热闹。

安娜接过望远镜仔细看了一会儿后，就向正在观察树轮的史密斯爷爷叫道："爷爷，您快过来啊，我们发现了好几只漂亮的微型小鸟哦！"

史密斯爷爷听见安娜的呼唤声，快步走过来，对三个孩子说："什么小鸟把你们三个都吸引住了！让我也来看看！"

史密斯爷爷也举起望远镜，仔细地瞧了一会儿，高兴地说："呵呵，孩子们，你们知道吗？你们看见的微型小鸟，就是主要生活在南美洲和中美洲等地的蜂鸟，它是世界上最小的鸟类！最小的蜂鸟叫吸蜜蜂鸟，体积比牛虻还小，体重约有2克，蜂鸟蛋仅重0.2克左右，和一粒豌豆的大小差不多！"

鲁约克说："史密斯爷爷，蜂鸟正在啄食好看的花儿，蜂鸟能吃的花，我们人类也可以吃，一会儿我就去采几朵来大家尝尝！"

史密斯爷爷笑着说："鲁约克，你再仔细看看，事实上，蜂鸟并没有在啄食花儿！你看，那些花儿不都好好的吗！蜂鸟如直升机一般，停落在一朵花前，然后箭一般朝花头飞去，用细长的舌头探进花中。那是它在从花蕊中吮吸花蜜。蜂鸟的喙其实只有一根细针大小，舌头是一根纤细的线，可以从花蕊中吸取花蜜。"

"蜂鸟的羽毛可真漂亮！有蓝色、绿色，肚子上的羽毛颜色较浅。"看着眼前的蜂鸟，安娜描述道。

"雄蜂鸟的羽毛以蓝绿色为常见，也有紫色、红色或黄色的。有的雄蜂鸟还长着羽冠或修长的尾羽！雌蜂鸟的羽毛就远远比不上雄蜂鸟的好看了！"史密斯爷爷讲解说。

龙龙问："史密斯爷爷，我觉得蜂鸟是一种非常勤快的鸟，我观察了好长时间，发现它们一直在勤劳地采集花蜜！我现在不明白的是：蜂鸟如此勤劳地采集花蜜，是为了填饱自己的肚子呢？还是像蜜蜂那样是为了储存花蜜？"

史密斯爷爷回答说："你看，蜂鸟一直飞翔着，而且速度很快，还伴有嗡嗡的响声。它双翅拍击得非常迅捷，这些都要消耗掉大量能量。我们知道食物就是动物能量的来源，要通过新陈代谢，食物才能转化为动物的能量。蜂鸟的新陈代谢在所有动物中是最快的。它的心跳能达到每分钟500下！蜂鸟每天消耗的食物是它自身体重的两倍！

"蜂鸟为了采集维持生命所需要的花蜜，每天必须采食数百朵

花。而到了晚上，为适应夜晚或不容易获取食物的情况，它会减慢新陈代谢的速度，进入'蛰伏'状态——一种像冬眠一样的状态。'蛰伏'期间，蜂鸟心跳的速度和呼吸的频率都会变得缓慢，以减少对食物的消耗。

"蜂鸟一旦受到威胁，就可能无法逃脱了。因为它遇到威胁或被困住时，本能反应是向上飞，这样做的结果是，它会因体力耗尽在一小时内死亡。"

"怎么会这样子啊，我开始同情它了！"安娜感叹道。

史密斯爷爷讲解道："不过，蜂鸟的生存能力可是非常强的。由在南美洲发现的化石推测，这个小东西在100万年前就出现在地球上了。它是美洲特有的一种鸟类，居住范围广阔，从高达4000米的安第

斯山地到亚马孙河的热带雨林都有它的分布。一些蜂鸟生活在干旱的灌木丛林，一些蜂鸟生活在潮湿的沼泽地；黑颏北蜂鸟主要生活在美国和加拿大的西部；红喉北蜂鸟分布于北美洲东部，不过其他种类的蜂鸟在这里也有少量分布，有时来自古巴或巴哈马群岛的蜂鸟也会栖息在这里。"

环视四周，安娜感慨地说："是啊，我相信在这片神秘的森林

里，还有很多很多神秘的鸟类和物种等着我们去发现呢。"

"嗯，我也这么觉着，接下来，我们还会有更多的收获！"龙龙赞同地说。

"哈哈！孩子们，那就让我们一起努力去探寻吧！"史密斯爷爷说道。

于是，一行四人又继续前行。

美洲

　　美洲全称为"亚美利加洲"，以巴拿马运河为界分为北美洲和南美洲。美洲位于太平洋东岸、大西洋西岸，整体在西半球，自然地理分为北美洲、中美洲和南美洲，南纬60°至北纬80°，西经30°至西经160°，面积约为4206.8万平方千米，占地球表面积的8.3%，占陆地面积的28.4%；总人口约9亿，占人类总数的13.5%。

第 九 章

不好惹的箭毒蛙

大雨过后的丛林里散发着淡淡的泥土味，夹杂着花儿的芬芳，让所有人的心情都豁然开朗起来。史密斯爷爷带着龙龙、安娜和鲁约克

又踏上了新的探险之路。

"大家快瞧，倒下的大树下有东西！"鲁约克喊了起来，其他人的目光都被他的喊叫声吸引过去。原来，在一棵被雷电击倒的大树下，有一只通体黄色的青蛙。

"哇！好漂亮的青蛙啊！"龙龙和安娜异口同声地说。

"啊！实在是太漂亮了，我是第一个发现它的，它归我了！"鲁约克一边高兴地说，一边跑上去要抓它。

一旁的史密斯爷爷急忙制止他，说："不要动！那是有毒的青蛙！"

听到后，鲁约克慌忙收回手，惊慌地喊道："我的天啊！好险！好险！"

鲁约克的样子，逗得一边的龙龙和安娜忍不住哈哈大笑起来。

"史密斯爷爷，这么漂亮的青蛙怎么会有毒呢？它到底是什么青蛙啊？"鲁约克好奇地问。

史密斯爷爷乐呵呵地回答说："这种青蛙叫箭毒蛙。"

"箭毒蛙？好特别的名字啊！叫这么特别的名字肯定有什么原因吧？"龙龙好奇地问。

史密斯爷爷讲解说："这是因为它漂亮的'外衣'会分泌毒液，毒性超强，能够破坏生物神经系统的正常工作，据说毒性最强的箭毒蛙体内的毒素可以杀死2万多只老鼠呢。古代印第安人将这种天然的毒液涂抹在箭头上，进行捕猎活动，这就是'箭毒蛙'名字

的来历。"

"哇！这么厉害，怪不得我要去捉它，它居然也不跑！"鲁约克恍然大悟地说。

"不对啊！"龙龙质疑道，"它毒性那么强，人又是怎么抓到它的呢？"

史密斯爷爷回答说："人们发现箭毒蛙的毒液只有通过伤口，侵入人的血液才能发挥作用。在手指没有划伤的情况下，用手去抓它，它的毒液至多引起手指皮疹，对人的生命不会造成威胁。在懂得了这个道理后，人们在捕捉它时，用树叶将手包起来，这样就可以防止中毒了。"

"噢！原来是这样啊，古代印第安人可真聪明啊！"鲁约克赞叹道。

一旁的龙龙若有所悟地说："我明白了！大多数动物都是把自己

打扮起来，躲在草丛中、树林间，避免敌人发现自己。这些动物用的方法叫保护色，像北极熊、猫头鹰、蜥蜴、变色龙、枯叶龟、雷鸟等动物，都是利用保护色把自己伪装成和周围环境类似的样子来保护自己的。而箭毒蛙却不躲躲藏藏地过日子，它总是穿着颜色艳丽的花衣服，好像在炫耀自己的美丽，就怕别人看不见它似的。原来这身漂亮的'外衣'，就是箭毒蛙保护自己的'秘密武器'呀！"

"事实上，它那身漂亮的外衣在自然界中叫作警

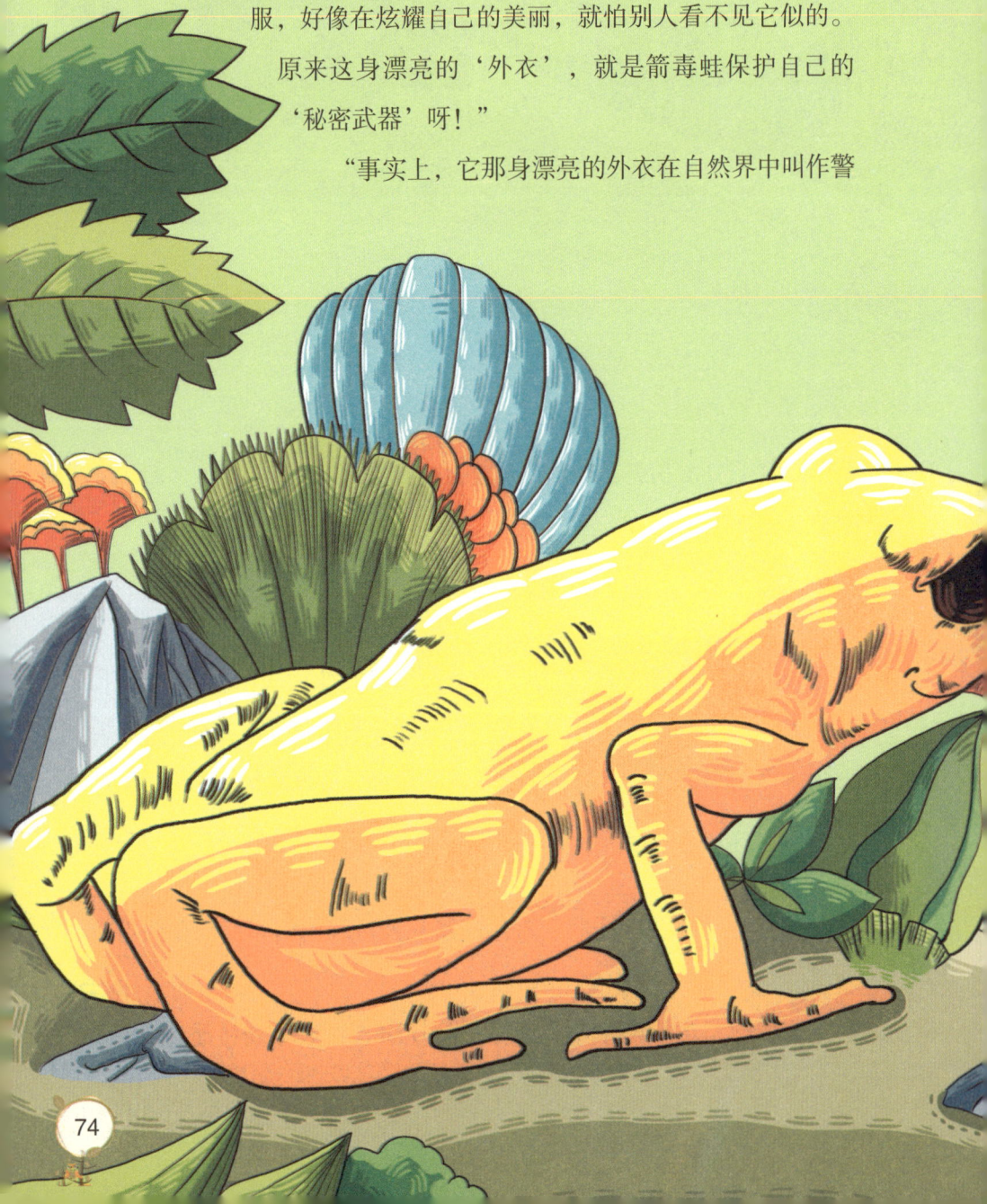

戒色，也是动物保护自己的一种方式。它仿佛在用艳丽的颜色警告敌人：‘你不要靠近我哟，我可是非常厉害的！’像胡蜂、毒蛾、臭鼬等动物都是用警戒色保护自己的。呵呵，我说得没错吧，爷爷！”安娜一副很高兴的样子。

史密斯爷爷开心地说：“哈哈，没错，所以，箭毒蛙就这样大模大样地出现在丛林中，没有动物敢轻易地接近这个外表美丽的小家伙。”

“对了，爷爷，这才刚下过雨呀，环境那么潮湿，箭毒蛙喜欢生活在潮湿的环境里吗？”安娜问道。

史密斯爷爷点点头，回答说：“嗯，安娜真聪明，观察得很仔细嘛！箭毒蛙喜欢生活在茂密的丛林中，尤其是阴暗潮湿的地方。”

　　"史密斯爷爷，箭毒蛙只有这一种颜色吗？"龙龙问道。

　　"当然不是，它的颜色可丰富啦，比较常见的是黑与艳红、黄、橙、粉红、绿、蓝的结合。大多数箭毒蛙的表皮多彩鲜艳，多半带有红色、黄色或黑色的斑纹。目前，世界上箭毒蛙种类有100多种，50%含有剧毒。它们通身多彩鲜亮，四肢满是鳞纹。其中最为耀眼和突出的是柠檬黄。一眼望去，鲜亮的箭毒蛙像是在炫耀自己的美丽，又像在警示来犯的敌人——看见我在这儿了吗？离我远点！也许是它的这种警告起了作用，除人类外，就再没有敢与箭毒蛙为敌的动物了。"

　　"爷爷，为什么箭毒蛙的毒性会那么强啊？它的毒性是从哪儿来的呢？"安娜好奇地问道。

　　"呵呵，安娜，问得好！"史密斯爷爷回答道，"箭毒蛙的毒性主要来自它的天然食物——主要是蜘蛛类，以蜘蛛为食的箭毒蛙，将蜘蛛食入后，就会将蜘蛛的毒性吸收转化为自身的毒液。"

　　"史密斯爷爷，那我们能把它带回家养吗？"鲁约克突发奇想地问。

　　龙龙惊讶极了："啊！不会吧，它可是有毒的哦，你还想带回家养！"

　　"对啊！这么厉害的生物，我们还是不要招惹它了！"安娜赞同地说。

　　一旁的史密斯爷爷则哈哈大笑起来："孩子们，就算鲁约克想也是没有用的！"

"啊！这是为什么呀？"鲁约克不解地问。

史密斯爷爷解释说："这你们就有所不知了。事实上，箭毒蛙是非常脆弱的，它对食物及生活环境的温湿度有着非常严格的要求。它一旦被带离适应的环境，而又不能保证提供其他合适的环境，就意味着死亡！"

"噢！原来是这样啊！"鲁约克听后点点头。

"是的，不是所有的生物你想养就养得了的！"龙龙提醒说。

"我只是突然想到就随口问问，要是真让我养，我还害怕被毒到呢！"鲁约克说。

"呵呵，每一种生物都有它自己的生存环境，我们还是不要破坏的好，对它们我们更应该学会尊重。"史密斯爷爷说。

三个孩子都点点头。

雨后的世界，又有怎样的变化，又会发现什么呢？史密斯爷爷带着三个孩子继续他们的发现之旅。

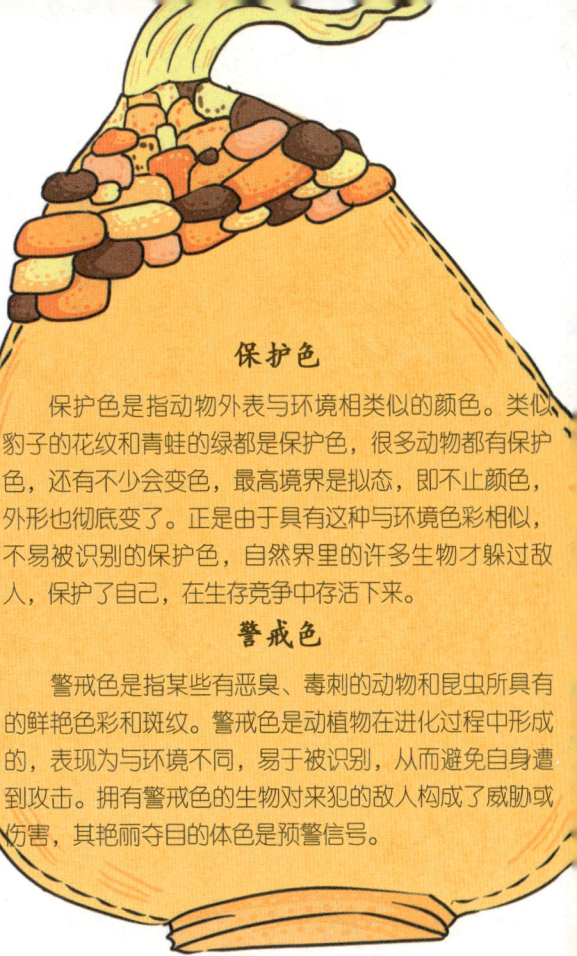

保护色

保护色是指动物外表与环境相类似的颜色。类似豹子的花纹和青蛙的绿都是保护色，很多动物都有保护色，还有不少会变色，最高境界是拟态，即不止颜色，外形也彻底变了。正是由于具有这种与环境色彩相似、不易被识别的保护色，自然界里的许多生物才躲过敌人，保护了自己，在生存竞争中存活下来。

警戒色

警戒色是指某些有恶臭、毒刺的动物和昆虫所具有的鲜艳色彩和斑纹。警戒色是动植物在进化过程中形成的，表现为与环境不同，易于被识别，从而避免自身遭到攻击。拥有警戒色的生物对来犯的敌人构成了威胁或伤害，其艳丽夺目的体色是预警信号。

第十章

欧洲贵族青睐的桃花心木

　　亚马孙热带雨林就像一座博大的动植物博物馆，三个孩子跟着史密斯爷爷到处探险，每天都能见到不知名的植物或动物，增长了很多见识。

　　这一天，安娜选了一棵大树，在树下铺好桌布，摆上零食、饮料，邀请史密斯爷爷来"赴宴"，说这是她和龙龙、鲁约克的"谢师宴"，是为了感谢史密斯爷爷对他们的帮助和教导。

　　史密斯爷爷见安娜这么懂事非常高兴，跟着三个孩子一起坐在树下一边吃东西，一边聊着天。

鲁约克吃着饼干，高兴地说："安娜真会挑地方，这棵大树长得这么茂盛，树下又干净又凉爽，真舒服。"

安娜笑着说："这树叫桃花心木，你们觉不觉得它的样子很优雅啊？它的树干高大挺拔，树皮是漂亮的淡红色，树叶颜色碧绿，一串一串地垂下来，就好像我家阳台上挂的小风铃，看着就让人心情舒畅。我喜欢在这种树下面看书、画画。"她闭

你喜欢桃花心木，一定还有另外的原因。

看书用的桌子不是都一样吗？

上眼睛，享受地轻轻吸了一口气。

　　史密斯爷爷笑着说："真是个懂浪漫的小姑娘啊。不过我知道，你喜欢桃花心木，一定还有另外的原因。"

　　安娜睁开眼睛，不好意思地说："是的，还有一个原因。因为桃花心木是欧洲贵族非常喜欢的木材，他们常使用桃花心木制作家具，英国女王伊丽莎白一世就有一张用桃花心木制成的桌子。所以我坐在这种树下，就觉得自己离公主的生活很近很近。"

　　龙龙和鲁约克都觉得好笑。龙龙说："贵族的桌子有什么了不起的，不是照样还得在上面看书、写作业吗？"

　　鲁约克也说："就是。桃花心木也是树，除了样子好看点，没觉得有什么特别啊，为什么你在这种树下面就会觉得像公主？你这个想

花纹美、雕刻好、驱白蚁

法简直太奇怪了！"

安娜气得嘟起了嘴。

史密斯爷爷哈哈大笑起来，说："你们两个捣蛋鬼，哪里能理解女孩子的心思。"笑了一阵，他开始向孩子们介绍这种树："安娜说得没错，桃花心木跟贵族阶层确实很有渊源。在18世纪前后，欧洲贵族们就开始狂热地追捧桃花心木家具。直到今天，桃花心木制成的家具仍然是'高档、有品位、有贵族气质'的代名词。安娜你知不知道，桃花心木家具是英国皇室的御用家具呢。"

龙龙听后，特地围着大树转了一圈，还仔细地看了看，之后说："也看不出这树的质地有什么特别呀，为什么贵族会喜欢这种木材呢？"

史密斯爷爷说："桃花心木的木心是浅红褐色的，颜色非常好看，而且木材上有条状的花纹，结合欧式家具的雕刻工艺，会呈现非常华丽的效果。再有就是桃花心木质地坚硬，不易变形，有极强的抗腐蚀性，它所散发出来的独特气味也能防止白蚁蛀蚀。这几个原因综合起来，就使它成为欧洲木匠非常青睐的木材。他们称桃花心木是'高级家具用材中的贵族'。"

鲁约克连声赞叹道："想不到热带雨林里常见的桃花心木，居然有这么厉害的用处。"

安娜听见鲁约克夸赞她喜欢的树，又高兴起来，说："就是嘛，光长得好看不算什么，重要的是还能派上大用场，那才了不起。"

史密斯爷爷点点头，说："桃花心木的外形的确优雅美观。它是常绿乔木，树冠壮硕，树叶在初春的时候会掉落，但又会迅速萌发出新的树叶，所以一年到头青翠碧绿；而且它的树干笔直

挺拔，最高的能长到15米，非常有气势。你们看，桃花心木的花非常小，就像树叶一样一丛一丛地生长，看起来很可爱。"

孩子们都仰头去看。龙龙眼睛好，先叫道："是挺可爱的，这小花的花蕊是黄绿色的，有五片很小的花瓣，颜色很淡，嗯……有点像葡萄的花。"

史密斯爷爷接着说："比如牡丹、芍药这样的花，在植物的茎枝顶端或者叶腋部位，一个地方只开一朵，这叫单顶花或单生花。但是大部分植物开有很多小花，都是按照一定的顺序排列的，长在一个总花柄上，比如葡萄和桃花心木。这种小花的排列顺序，叫花序。你们仔细观察一下，桃花心木的花序是什么形状的呀？"

龙龙看了看，抢先答道："是圆锥形的。"

"没错。"史密斯爷爷笑着说："桃花心木有着圆锥形的花序。而它的果实是木质的，椭圆形，差不多有成年人的拳头那么大。果实里面就是桃花心木的种子了，这些种子是红褐色的。在种子成熟的时候，果实会裂开，那些种子会像直升机的螺旋桨一样旋转着飘落下来，赶上刮风的时候，能飞很远很远，那是非常有趣的景象。"

　　三个孩子想象着史密斯爷爷所说的情景，哈哈大笑起来。鲁约克问："为什么桃花心木的种子会这样落下来呢？我见过很多大树的果实或者种子，都是直接掉落到地上的呀。"

　　史密斯爷爷说："这是因为桃花心木的种子外面包着一层薄薄的种翅。种翅就是种子的翅膀啦，也是木质的，样子长而扁，中段较宽，两端略窄，形状就像你们玩的竹蜻蜓。果实爆裂开的时候，种翅就会借助风的力量，带着桃花心木的种子飞到远离母树的地方。因为桃花心木在成长过程中需要足够的光照，如果离母树过近的话，幼树得不到足够的阳光，它的生长就会被抑制。"

　　鲁约克恍然大悟地点点头。

　　安娜说："桃花心木真聪明。蒲公英是靠降落伞一样的茸毛把种子随风传播出去，桃花心木也是靠风的力量传播自己的种子。"

　　史密斯爷爷笑着点点头，说："你很会联想嘛。"

　　龙龙说："很多树都是靠栽种树苗才能长成大树，桃花心木只凭小小的种子，就能长得这么高大吗？"

史密斯爷爷说："是呀。所以说，桃花心木是一种生命力很旺盛的树木。它耐旱，能在高温地区成活，繁殖力也很强盛。除了在热带雨林里能见到这种树木，它还被广泛用作行道树、庭院树来栽种。它的木材用途也很广泛，不仅可以做高档家具，还会被用来制作乐器以及用于高级汽车、游艇的装潢。真是用途广泛的树木啊！"

鲁约克拍着手说："等我长大了有了自己的房子，一定要在花园里种好多好多的桃花心木！"

史密斯爷爷、龙龙和安娜笑了起来。他们的笑声在桃花心木下久久未消散，桃花心木的叶子被风吹动，沙沙作响，像是在开心地回应他们。

第十一章

橡胶树的"眼泪"

伴随着丛林里清脆的鸟叫声，孩子们迎来了新的一天，亚马孙探险之旅每天都有新发现，这让充满好奇心的孩子

们异常兴奋，大家都早早地整理好了行李，准备出发。

　　"今天天气真好，我要多拍些树叶的照片，好带回去给同学们看看，说不定我拍的树叶生物课本上都没有呢。"安娜给自己制订了个小计划，边说边擦着照相机的镜头。

　　"嗯，好主意，这里的树叶的形状真是太多了，正好我可以做个标本册。"龙龙说着便从书包里拿出一个本子。

　　"你知道它们都是什么树的叶子吗?"鲁约克问。

　　"史密斯爷爷肯定知道，他就是我们的百科全书，哈哈。"龙龙上前挽着史密斯爷爷的胳膊，好像捧着自己心爱的大词典。

　　"呵呵，人要活到老，学到老，我也不是百事通，

这世界上还有很多未知的物种等待我们去发现呢。走，咱们出发吧。"史密斯爷爷拍了拍龙龙的肩膀，冲他笑着说道。

刚走出没多远，大家就听到头顶传来轰隆隆的雷声。

"哎呀，这里的天气真是多变，刚才还是大晴天，这会儿就要下雨了，我一张照片都没拍呢。"安娜有些不高兴地说。

"孩子们都把雨衣穿好，跟上队伍，咱们先找个合适的地方避避雨。"史密斯爷爷一边叮嘱孩子们，一边拿出之前备好的雨衣，武装好自己。

没一会儿，雨点就噼里啪啦地落下来，大家都待在原地，静静地等着雨过天晴。

"哎呀，我的鞋被雨水泡湿了。"安娜抱怨道。

"再忍忍吧，雨一会儿就停了。"鲁约克安慰她说。

果然没一会儿，天空就放晴了，太阳从乌云后边露出了半张脸。

"看啊，天边有彩虹！"龙龙惊喜地叫着。

雨后的热带雨林多了一份湿润和清新，天空中挂着大大的彩虹，分

外美丽。

　　"都说雨水是天空的眼泪，听说这里有一种会'流泪'的树，你们知道吗？"安娜问。

　　"我见过很多树，就是没见过会'流泪'的树。"龙龙好奇地说。

　　"我也没见过，史密斯爷爷，您呢？"鲁约克接着说。

　　"安娜说的是橡胶树吧。切破它的树皮后，会有白色乳液顺着树干流出来，以前玛雅人称这白色液体为'卡乌秋'，意思是'树的眼泪'。"史密斯爷爷回答道。

　　"对，就是橡胶树，好像它流出的"眼泪"还有好多用处呢。"安娜边走边寻找着橡胶树。

　　"爷爷，爷爷，快来看，这棵是不是橡胶树呀？书上说，橡胶树的叶子就

像这样：一个叶柄的顶端有3片叶子。"安娜
指着路旁一片树林说。

"哟，这像小灯笼似的东西是它的果实

吗？"鲁约克问，"它们能不能吃？"

"就知道吃，先摘个看看吧。"说着，龙龙就放下背包，蹦了几下，从树上摘下一个绿色的小果子。

"史密斯爷爷，您看。"龙龙把摘下的果子递给史密斯爷爷。

史密斯爷爷拿着绿色小果子反复看了看说："嗯，这是橡胶树的果实。它的树叶和种子有毒，所以是不能吃的，鲁约克。"

接着，史密斯爷爷走到一棵橡胶树跟前，用随身带的小刀，用力往树干上划了一下，果然有乳白色的液体慢慢渗出。他用手指沾了一些，能在食指和拇指间拉出丝。

"这是胶水吗？看上去很有黏性呀。"安娜凑上前仔细观察着。

"所谓'树的眼泪'，就是橡胶树的胶液。"史密斯爷爷说道。

这时，龙龙和鲁约克不约而同地抢着去摸流出的白色汁液。

"真的很黏，有点像嚼过的口香糖。"鲁约克一边用手指摆弄着汁液，一边说。

"这种胶汁不仅有弹性，还有很好的防水性。1823年，英国人马金托什，像印第安人一样把白色浓稠的橡胶液体涂抹在布上，制成防雨布，并缝制了'马金托什'防水斗蓬，这可能就是世界上最早的雨衣了。"史密斯爷爷说。

"太好了，这种白色汁液可以防水啊，那我的鞋子有救了，可以涂上一层，这样再下雨的时候就不会进水啦。"安娜好像发现了新大陆似的，说着便要捡起地上的树枝准备给自己的鞋子涂上一层防护膜。

"哦，那气球、橡胶手套、充气船垫等都是用它做的吗？"龙龙指了指手上的白色液体。

"这个是天然橡胶，它们还要经过硫化，才能成为我们日常生活中见到的物品。"史密斯爷爷说到。

"什么是硫化？"龙龙接着问。

"硫化是一种工业技术，是指通过化学手段，提炼加工天然橡胶的做法。这种技术是一个叫查理·古德伊尔的美国人于1839年发明的。这种方法成功地解决了橡胶在高温的时候发软变黏，而低温的时候又发硬变脆的特性。从这之后，橡胶就被广泛应用了，在工业革命兴起的时候，橡胶可是发挥了非常重要的作用。"史密斯爷爷回答。

"嘿嘿，之前有铅笔痕迹的地方被我用橡胶擦干净了。"鲁约克迫不及待地展示给大家看。

他用自制的橡胶小球，慢慢摩擦书本上的铅笔字，果然字迹慢慢消

失了。"原来，我们用的橡皮擦里也有橡胶呀。"鲁约克说道。

"是的，橡胶的用途很广泛，包括汽车轮胎、橡胶玩具等，在生活中随处可见。"史密斯爷爷说。

"安娜呢？刚才还在拍照，这会儿怎么不见了？"龙龙问。

"我在这儿给我的鞋子'化妆'呢。"安娜蹲在橡胶树底下喊道。

"哈哈，经过橡胶的保护，再下雨的话，我的鞋子就不会进水啦！"安娜抬起脚给大家看她的杰作。

只见两只鞋子上歪歪扭扭地沾着厚薄不一的白色痕迹。

"你这个自制雨鞋，绝对具有保存价值，哈哈，就是看上去好像没刷干净似的。"龙龙看着安娜的劳动成果说。

"好不好看先不说，只要真能防水就行啦。"安娜说着就站了起来，刚想走又停住了。

"稍等，我还没给橡树叶子拍照呢。"安娜不好意思地补拍了几张。之后，四个人又踏上了新的旅程。

第十二章

美洲貘

这天傍晚，空气十分闷热潮湿，太阳虽然还没有下山，但是茂密的树林和灌木丛快要把天空完全遮住了，偶尔从缝隙中透下来一点点光亮，显得那么亲切。

整个雨林天色暗暗的，夜晚提早来临了，三个孩子吃完晚饭后，看看时间还早，都不想立刻去睡觉。

"史密斯爷爷，我快热死了，身上又黏又湿，我看咱们宿营的帐篷旁边有条小河，咱们一起去洗个澡吧？"龙龙提议说。

"是啊，史密斯爷爷，我也是一样啊！"鲁约克也赶紧附和着。

"这真是个好主意！爷爷，我还带了漂亮的泳衣呢。"安娜话没说完就一溜烟跑到帐篷里翻找她的泳衣去了。

"安娜不要找你的泳衣了！"史密斯爷爷立刻制止，他本想一口拒绝大家的提议，在热带雨林里，这么晚了还去河边洗澡是多么危险的事情啊！但是看着孩子们企盼的眼神还有他们全身上下湿透了的衣服，还是忍不住说："孩子们，晚上的雨林到处都充满了危险，现在趁着天还没有完全黑下来，我们就到河边打点水，回来用毛巾擦一擦吧，大家记住千万不能下水，如果你们不同意，一定要下水的话，那我们现在就只能去睡觉了！"

看着史密斯爷爷严肃的神情，与平时和蔼可亲的模样判若两人，三个孩子知道了事情的严重性，很默契地点头答应，没有再讨价还价。

一行四人拿着盛水的袋子快步走向河边，史密斯爷爷走在最前面，安娜和鲁约克在中间，龙龙走在最后。晚上的雨林比白天寂静多了，听不到鸟叫和虫鸣，只有很微弱的嘶嘶声，不知道是毒蛇还是其他什么猛兽躲藏在暗处。

"快到了吗，爷爷？"安娜有些害怕了，声音颤抖地问。

"马上就到，安娜不要害怕，白天扎帐篷的时候，我提前看了看周围的环境，没有什么危险动物。"史密斯爷爷安慰着孙女，三个孩子悬着的心也放了下来。

没一会儿，他们就到了河边，这时一阵特殊的尖哨声伴着喷鼻声传来。

"史密斯爷爷，什么声音？"鲁约克小声地问，心里既好奇又害怕。

"嘘！"史密斯爷爷做出手势，让大家不要说话，然后带着大家悄悄向河边靠近，借着微弱的光亮，就看见一个全身黑乎乎的动物正在河边淤泥里打滚儿，全身裹满了黑泥。

"爷爷，那是什么东西？"安娜小声地问。

"不会是野猪吧？"龙龙有些担心地问道。

"天哪，野猪会伤人的！"鲁约克有些慌张。

史密斯爷爷看了半天，微笑着说："孩子们不用担心，这不是野猪，而是美洲貘，一种长得像猪的动物，它非常胆小、羞怯，也很和善，是不会伤害我们的。大家小点声说话，它的耳朵和鼻子可是很灵敏的！"

"美洲貘，长鼻子猪？"龙龙压抑着兴奋的心情，激动地说，

"这种动物我以前在《动物世界》里看到过，貘是南美洲现存体型最大的陆生哺乳动物，想不到今天竟然能亲眼见到。"

"它长得确实挺像猪的，身材圆圆的，就是耳朵小点。"安娜又仔细看了看补充道。

"哎，你们看，它的鼻子怎么那么长呢？"鲁约克说道。

"它的鼻子是向前生长的，还能自由伸缩呢，要是再长一点的话，就赶上大象的鼻子了。"龙龙回答着。

"那它鼻子也能像大象那样卷东西吃吗？"鲁约克接着问道。

"是的，它的食物主要是河边的多汁植物的茎、叶和瓜果，有的植物长得很高，它就用它的鼻子去够。是不是啊，史密斯爷爷？"龙龙不太确定地问。

"你们说得都很对，美洲貘除了你们说的那些特点外，它的前肢

有4个趾，后肢却只有3个趾，这也是它的原始特征。要是白天发现这种足迹的话，很容易判断出来哦。"史密斯爷爷继续补充道。

"爷爷，它也是因为很热所以来洗澡的吗？可是要是洗澡的话为什么不到河里游泳而在泥里打滚儿呢？"安娜很是不明白。

"我知道了，因为它不会游泳！"鲁约克说出了他的想法。

"不对不对，我记得电视节目上说这种动物是游泳高手呢！是不是啊，史密斯爷爷？"龙龙连忙说道。

"不要急！孩子们，你们再看看美洲貘的屁股，有什么新发现？"

"啊！它为什么没有尾巴呢？"鲁约克抢着回答。

"真的是这样呢！被别的动物吃掉了吗？"安娜疑惑地问。

"貘天生没有尾巴，正因为这样就不能像其他动物一样用尾巴

防止和驱赶蚊蝇的叮咬，所以它就想到这个方法，在泥潭里翻滚，把全身上下都裹上泥巴，这样蚊虫就叮咬不到它了。而且啊，在泥里打滚儿还可以杀死皮肤上的寄生虫呢！看，美洲貘是多么聪明的动物啊！"史密斯爷爷继续说，"其实美洲貘除了有非常发达的嗅觉和听觉，还非常善于游泳和潜水，平时喜欢独居……"

"阿嚏——"史密斯爷爷还没说完，就听见鲁约克打了个响亮的喷嚏。

美洲貘听见有动静，抬头望了这边一眼，就迅速逃到水中，转眼不见了踪影。

"刚才你们看到了吗？美洲貘的眼睛小小的，像刚睡醒的样子，傻傻的，好有意思哦！"龙龙兴奋地说。

"鲁约克，都怪你，什么时候打喷嚏不好，偏偏在这个时候！看

吧，可爱的美洲貘被你吓跑了，我还没看够呢！"反正安娜不再担心美洲貘听到，大声地抱怨着鲁约克。

"安娜，我不是故意的，刚才有个小虫子飞到我的鼻子里，我一时没忍住，就……"鲁约克很是委屈地解释着。

"好了，好了，天快黑了，我们赶紧取完水回去吧！"史密斯爷爷提醒着。

"可是我还没有看到美洲貘萌萌的样子呢，我要等它上来！"安娜很不情愿地说。

"不用等了，它是不会上来的！"

"为什么？史密斯爷爷，难道它不需要上来换气吗？"龙龙不明白地问。

"美洲貘有着非常高的潜水本领，它能在水底潜行很久，不必到

水面换气。每当遇到敌害追踪或者像刚刚那样被我们吓到的时候，它就迅速潜逃到水中或是河底，然后游到我们看不见的地方爬上岸。这是它利用水进行的自我防卫。"史密斯爷爷停顿了一下继续说，"如果在陆地上，它还会利用它发达的嗅觉来探察敌人的踪迹，有时候，貘被美洲豹追赶，它就会迅速跑向自己熟悉的道路，利用熟悉的地形把敌人甩掉，它的楔形的脑袋和长长的胖胖的身体，非常适合在丛林中穿行。"

"安娜，别担心，我们明天再到周围找找，说不定还能发现美洲貘的家人呢，到时我们再拿相机拍好多好多的照片！"鲁约克不停地讨好着安娜。

"明天真的能找到它的同类吗？"安娜有些不确定。

"明天咱们肯定找不到的，美洲貘大多数都是单独生活的，它们

昼伏夜出。现在世界上美洲貘的数量极其稀少，属于珍稀动物，全世界只有11家动物园中饲养并展览美洲貘。"史密斯爷爷感慨地说道。

"安娜，对不起。"鲁约克很自责，声音听着都快哭了。

"鲁约克，不要伤心了，雨林里有的是可爱的动物，我们的机会多着呢！"史密斯爷爷安慰着，抬头发现天空已经没有一点光亮了，连忙催促道，"孩子们，我们赶紧回去吧！明天还要早起赶路呢！"

"走吧，鲁约克，刚才我不应该责怪你，对不起！"安娜真诚地说。

"没关系！"俩人和好如初。

"好了好了，我们快跟史密斯爷爷回去吧！"龙龙招呼大家。

"回去洗澡睡觉喽！"三个人拎着水开心地往回走。

第十三章

闪闪发亮的宝石毛毛虫

清晨的阳光洒满雨林。

睡意朦胧的龙龙愤愤地从床上爬了起来。鲁约克今天不知怎么了，大清早的就起来读故事书，而且声音越来越大，吵得龙龙根本睡不着了。

"小毛毛虫带着宝石沿着来时的路，又来到了蝴蝶仙女的家里。

蝴蝶仙女取出了魔法棒，对着宝石说："呼啦，呼啦，变！"只见那颗蓝宝石不停地转啊转，放出蓝色的光，小毛毛虫的愿望实现了，它可以说话了。每天早上，小毛毛虫都会站在树叶上，对小朋友们说："孩子们，早上好！"鲁约克兴致勃勃地读着。

见到此状，龙龙生气地走过去一把夺过鲁约克的故事书，说道："鲁约克，不要把你的快乐建立在别人的痛苦之上好不好！"

鲁约克一看龙龙这么生气，知道自己做错了，连忙道歉："龙龙，对不起啊！我真不是故意的！"

"不是故意的？那你大清早的读什么故事呀！真是的，把我吵得都睡不着了！"龙龙抱怨道。

鲁约克不好意思地解释说："嘿嘿，因为我昨晚梦见了一只很漂亮的毛毛虫，像宝石一样呢！"

这时，安娜和史密斯爷爷走了过来，安娜问："喂！刚才你们在吵什么呀？"

史密斯爷爷听到龙龙的问题，哈哈大笑起来，说："我说过世界上无奇不有，宝石毛毛虫当然是有的，只是现在我们还没遇见而已！"

鲁约克沾沾自喜地说："哈哈！我就说有吧，你还不信！"鲁约克吐吐舌头，继续说道："我还知道我梦见的毛毛虫本名叫'蛞蝓毛虫'，不过，因为它的衣服太漂亮了，有的像透明的钻石，有的像多彩的宝石，因此大家多数知道的是'宝石毛毛虫'的外号，而它的本名倒很少人记得。在毛毛虫的大家族中，宝石毛毛虫有着你不能忽视的地位，它

闪亮的胶状外衣使得它更生动，更吸引人的眼球。"

龙龙和安娜看着鲁约克。

"什么时候还懂这些了？"龙龙问。

"哈哈，我也在培养看书的爱好啊！"鲁约克回答说。

这时，安娜还陶醉在鲁约克描述的漂亮的宝石毛毛虫的景象中，她随口说道："那么漂亮的毛毛虫，真想把它捉来装饰衣服呀！"

史密斯爷爷笑了起来，说："是啊，'宝石毛毛虫'看起来如此的漂亮，甚至可以用来为女孩子装饰她们的衣服。不过，它美丽的外表也同样是它抵御来犯敌人的工具，捕食者们和一些昆虫对'宝石毛毛虫'黏糊糊亮闪闪的外表十分敬畏，这也让这个小家伙能从捕食者口中侥幸逃生。"

"呵呵，原来小小的毛毛虫就是这样生存下来的，还挺聪明的嘛！"鲁约克说道。

"物竞天择，适者生存，每一种生物都有自己的生存办法。"龙龙感慨地说。

　　"是啊！"鲁约克正欲大发感慨时，他的肚子突然"咕咕"地叫了起来，他话锋一转，说："民以食为天，快吃早饭吧！"

　　听完鲁约克的话，其他三人哈哈大笑起来。

　　吃过早饭，他们一行四人又上路了。

第十四章

品尝雨林美食

　　不知不觉，史密斯爷爷和龙龙、安娜、鲁约克已经在雨林里穿梭一个多月了。安娜发现自己足足拍了近万张的照片。

　　"孩子们，穿过前面那片林子，我们就走出雨林了！"史密斯爷爷说道。

　　安娜有点失落地说："时间过得好快啊！"

　　"是啊，这么快就要

离开了，真有些舍不得呀！"鲁约克也很感慨。

龙龙也伤感起来："是啊，不知不觉在这里已经生活一个多月了，现在说离开，还真舍不得呢！"

"孩子们，没关系的啊，"史密斯爷爷慈祥地说，"我们的探险之旅还在继续，带着我们在这里的收获，去更精彩的未知世界探秘，不是很好吗？"

听完史密斯爷爷的话，三个孩子不再伤感。龙龙开起鲁约克的玩笑："哈哈，鲁约克，你是不是早就惦记起家里的鸡腿和可乐啦？这下要回去了，你是不是很高兴啊？"

"嘿嘿，是这样没错。这阵子吃得一点儿都不好，我的肚子早就没有一点儿油水了！你看，我的小肚子都瘦了一圈儿了！"鲁约克不好意思地说。

史密斯爷爷听到鲁约克的话，也笑了起来，说："孩子们，我想不止鲁约克，你们也都想改善一下伙食吧？"

"是啊！真想大吃一顿！"龙龙回答说。

安娜在一旁不答话，史密斯爷

爷拍了拍安娜说："怎么啦，安娜，你不想吃好吃的吗？"

"想啊！可是想也没用呀，您看，这哪有餐馆呀？"安娜闷闷不乐地说。

"哈哈！谁说没有餐馆，我们就不能吃好吃的呀？今天我就带你们去尝尝雨林的风味！"史密斯爷爷高兴地说。

"真的吗？"三个孩子一同问道。

"当然是真的啦，我什么时候骗过你们！"史密斯爷爷的笑容更加灿烂了。

"哈哈！太好了，我们要去吃好吃的喽！"龙龙、鲁约克和安娜拍手欢呼起来。

"爷爷，那我们要去哪吃呀？"安娜问道。

史密斯爷爷乐呵呵地说："只要走出雨林，附近就有人家了，那

些当地农家的叔叔阿姨们可是很好客的，到了那儿，他们肯定会盛情款待我们的！"

"哇！这么好！那我们赶快赶路吧，走出雨林吃东西去！"说着，鲁约克跑了起来。

果然，当他们走出雨林，便看到了一个小村落。整齐的房屋错落有致，旁边还有小菜园，种着各种瓜果和蔬菜。见到他们，便有阿姨迎上来，热情地招呼起他们。

"阿姨好！"三个孩子一起向迎接他们的阿姨问好。

"好孩子，你们是来探险的吧？"阿姨问道。

　　"是啊！我们刚走出雨林呢！"安娜回答。

　　史密斯爷爷也高兴地和迎上来的阿姨聊起来。这时，鲁约克的肚子里突然传出了"咕咕"声。

　　"哈哈，鲁约克，你又饿啦！"安娜和龙龙取笑道。

　　一旁的阿姨听到了，赶忙站起来热情地说："呵呵，饿了吧？孩子们，阿姨这就给你们做吃的！"

　　过了大约半个小时，饭菜就摆上桌了。

　　看着一道道稀奇古怪的菜肴，鲁约克和安娜茫然了："这些都是什么呀？"

　　首先是一道花。花摆在盘子里，看起来很漂亮的样子。

　　"难道要我们吃花吗？"鲁约克问。

"花是可以吃，可是不知道这是什么花了？"龙龙也很疑惑。

　　一旁的史密斯爷爷开心地笑了起来："哈哈！孩子们，靠山吃山。这个季节，雨林的果子比较少，可是鲜花却有很多呀，聪明的人们把可以吃的花做成菜肴摆上餐桌，那是再平常不过的了！"

　　"爷爷，那这到底是什么花呢？"安娜问。

　　"这个是芭蕉花，看起来很好吃，你们赶紧尝尝吧！"史密斯爷爷说。

　　听史密斯爷爷这么说，鲁约克第一个尝了一口。

　　"哇！真好吃！感觉还伴有芭蕉的清香呢！"鲁约克不禁赞叹说。

　　"的确很好吃啊！"龙龙赞同地说。

　　看着龙龙和鲁约克津津有味地吃着，安娜也开动起来。不一会儿，一盘芭蕉花就被消灭了。

接着，他们把目光投向第二道菜。那是一盘看起来像极了炸过的虫子的菜，鲁约克虽然一直盯着，可就是不敢尝。

"哈哈！鲁约克，怎么啦？不敢吃吗？"龙龙说着取了一只就放到嘴里，并有滋有味地嚼了起来，一边还赞叹说，"哇！好香啊！"

一旁的安娜和鲁约克瞪大了眼，惊讶道："龙龙，你居然敢吃虫子！"

"哈哈！孩子们，这可不是一般的虫子，它是可以吃的虫子！"史密斯爷爷解释说。

"啊？虫子还可以吃？"鲁约克疑惑极了。

安娜也好奇地问："我知道虫子会吃比它们小的虫子，鸟儿和鸡都吃虫子，我们人类什么时候也吃虫子了？"

"史密斯爷爷，这到底是什么虫子呀！"鲁约克问。

史密斯爷爷回答说："这种虫子叫竹虫，它长在竹子中。竹虫是

竹蜂的幼虫，而竹蜂是一种

危害竹林的害虫。竹蜂在嫩竹内产卵孵化，幼虫

依靠吸食竹子内壁的肉质和水分存活。而受到其危害的嫩竹，就不能

生长成材了。当地人在砍竹子来编织篮子时，偶尔会发现它。它的数

量不是很多，一株竹子大概就几只而已。它的味道却是非常好的，呵

呵，今天我们的运气不错！你们赶紧尝尝吧，这可是最有雨林风味的

菜肴哦！"

　　"对哦，蛋白质含量很高呢！"龙龙打趣地说。

　　　鲁约克笑了笑："噢？原来你早就知道这是可以吃的虫子呀，难

怪你不怕！"

"嘿嘿！我以前去农村爷爷家玩的时候，早吃过了！可好吃了！"龙龙不好意思地说。

安娜撇嘴说道："我还是不敢吃，你们吃吧！"

"哈哈！胆小鬼，不就是几只虫子嘛！"说着鲁约克也吃了起来，"哇！真的好好吃哦，哈哈！可惜某人没口福喽！"鲁约克故意气安娜。

安娜却也不生气，说："哈哈，我不吃虫子，但可以吃其他的呀，你瞧这还有其他的，有花菜、嫩芽条和竹笋呢！"说着她夹起了一朵黄

色的花尝了起来，"哇，真好吃！这种黄花菜太好吃了！"

"我也要吃！"龙龙和鲁约克说着也抢着尝了起来。

鲁约克尝后，觉得非常美味，情不自禁地问史密斯爷爷道："史密斯爷爷，这花儿真是太好吃了，它又是什么菜呀？"

史密斯爷爷笑着解释说："这是鸡蛋花。你们看，它的花瓣中心是淡黄色的，边缘却是白色的，就像是切开了的煮鸡蛋，所以叫作鸡蛋花。这种花要是蘸上调好作料的蛋液油炸，那才叫一个美味呢！"

"噢？原来是这样啊！"安娜点点头，回头想再尝尝鸡蛋花，却发现盘子已经空了。原来，在她专心听史密斯爷爷讲时，龙龙和鲁约克把鸡蛋花都吃光了。

"爷爷，你看他们俩，趁我不注意就把好吃的给偷吃光了。"安娜委屈地说。

"呵呵，还有其他好吃的，这可都是好吃的呀，还多着呢！"史密斯爷爷笑着安慰她。

在欢笑和解答中他们结束了这顿饭，能品尝到雨林的美食，三个孩子都很欢喜。尽管他们的这次热带丛林探险已经结束，不过他们相信，大自然是神奇的，等待他们去探索和发现的东西还有很多很多。